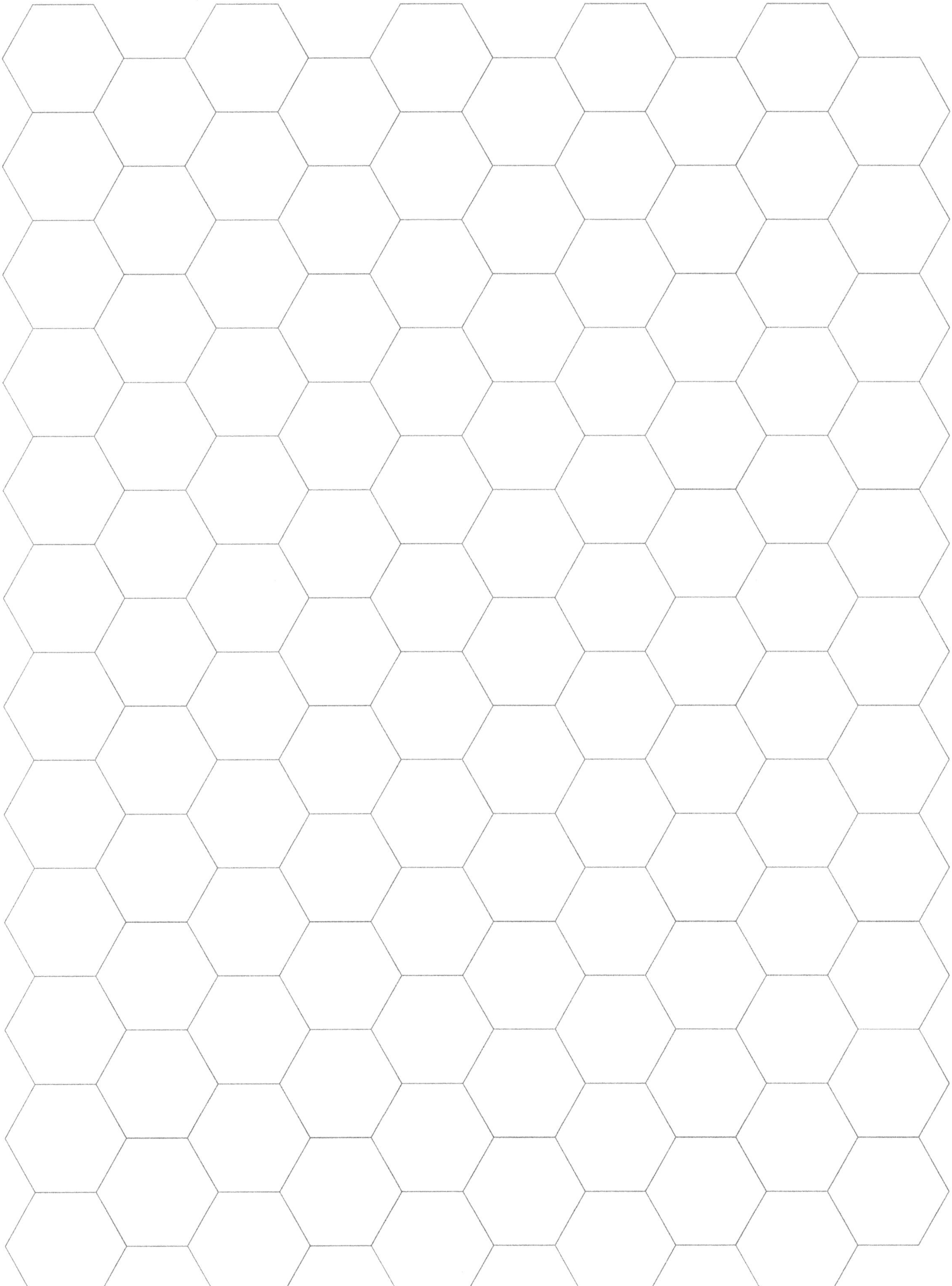

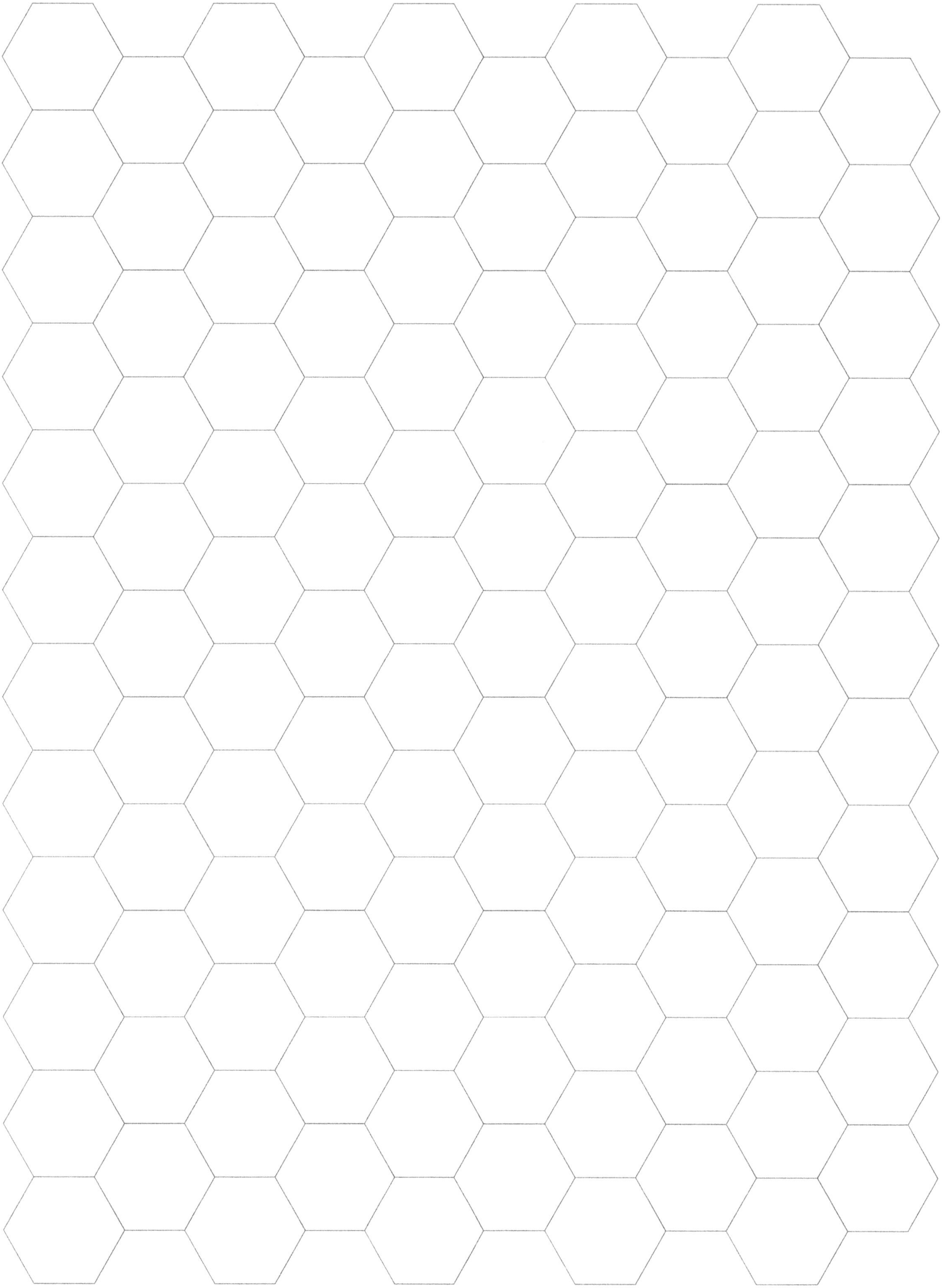

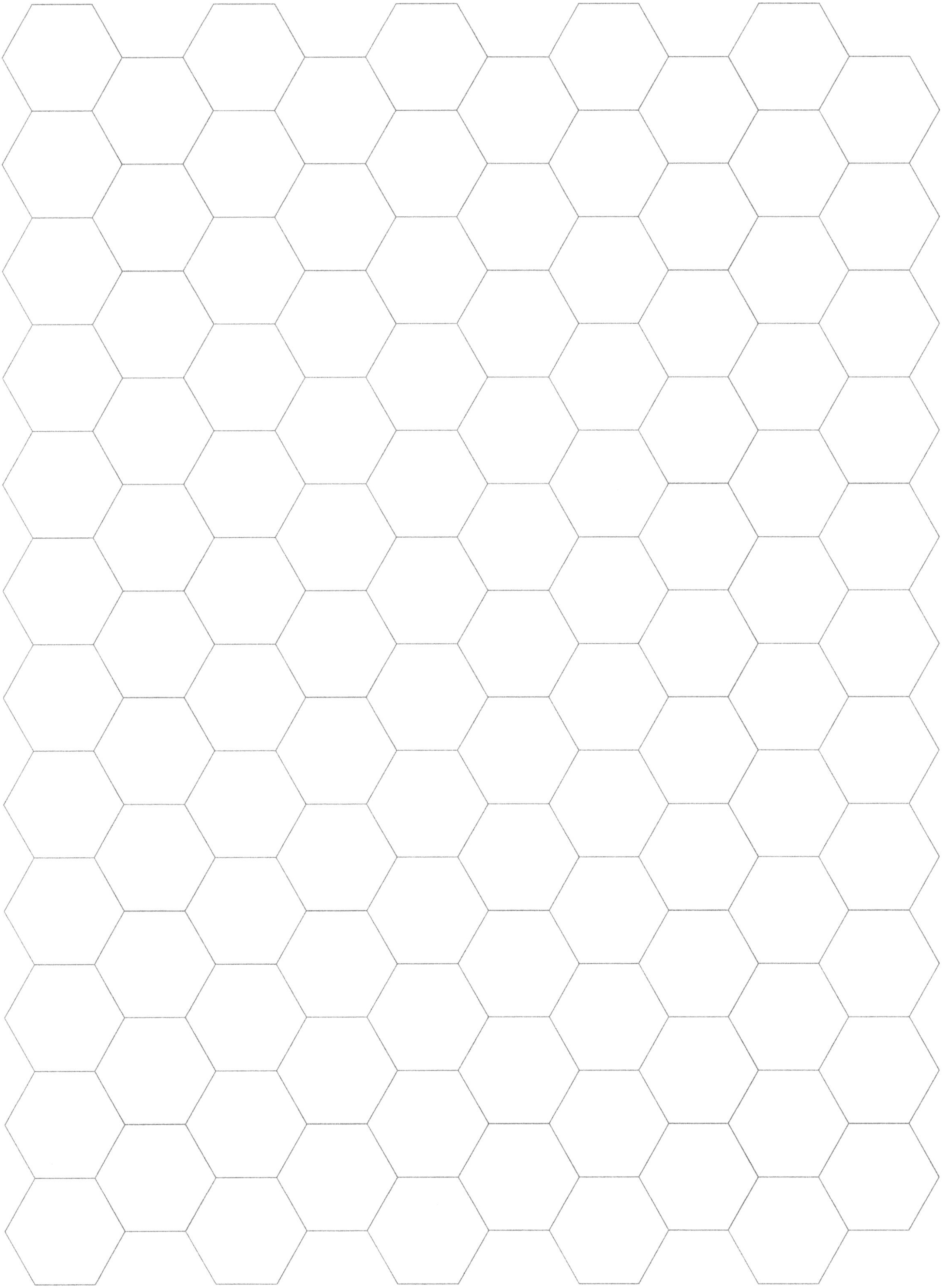

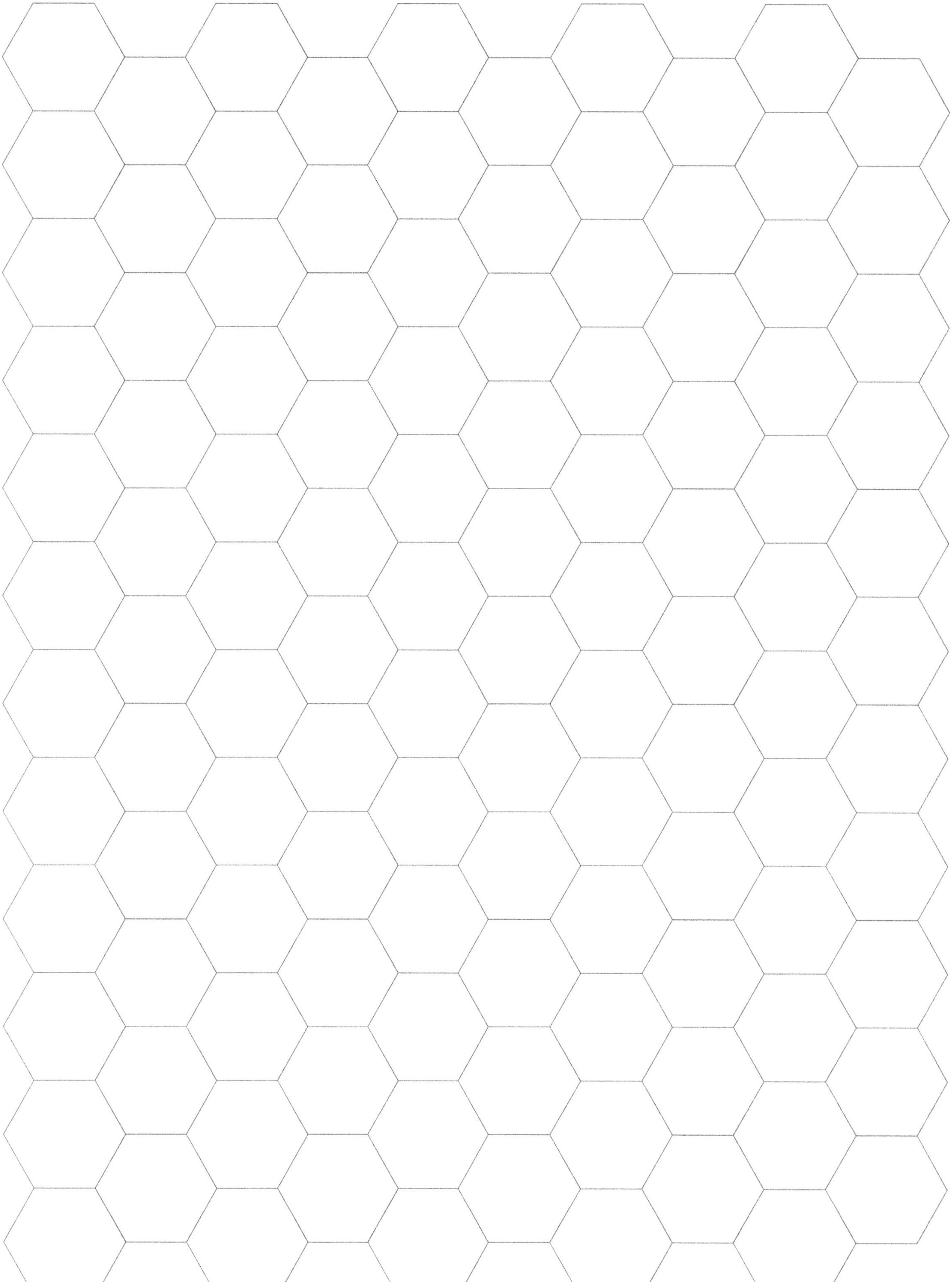

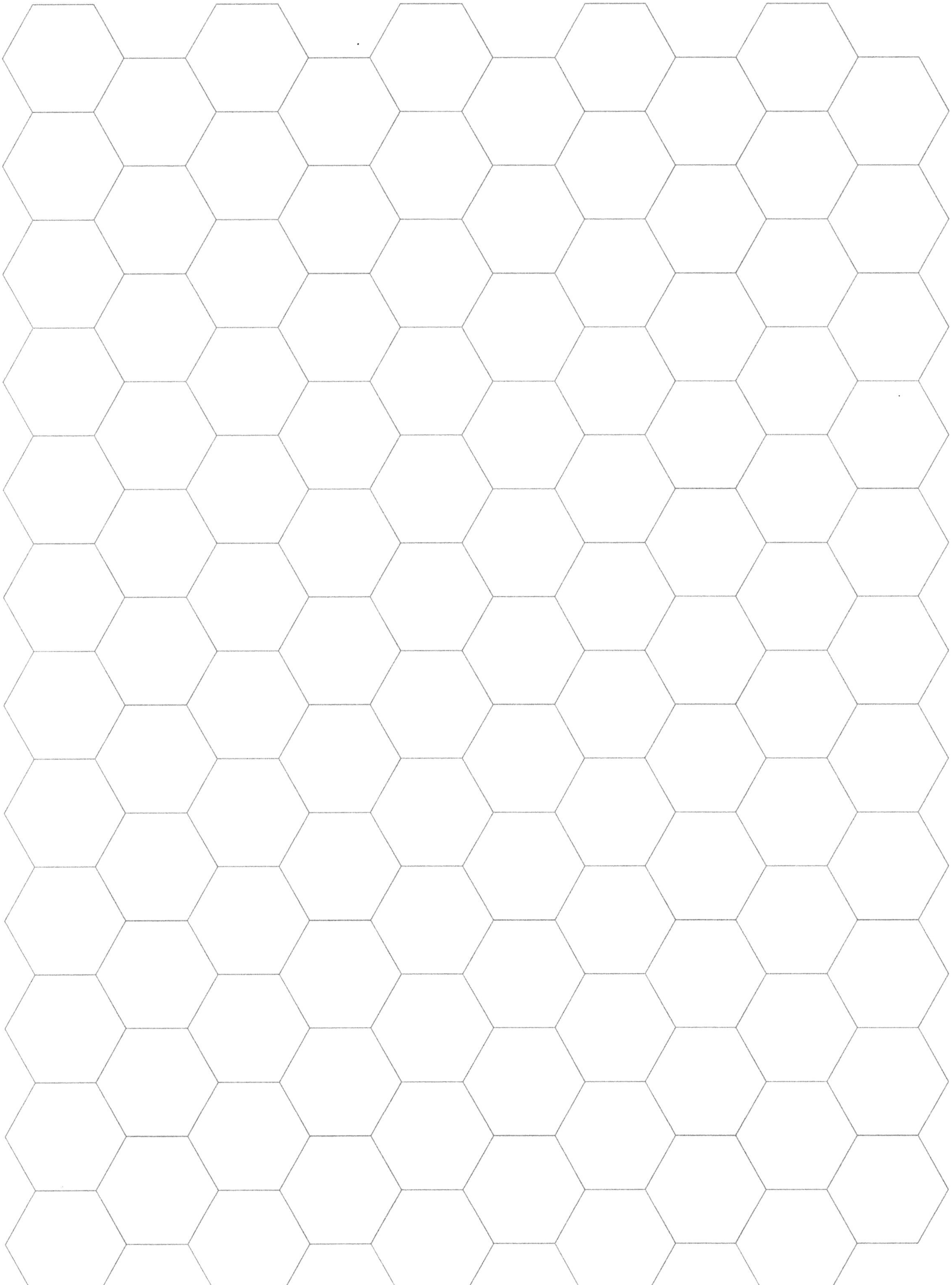

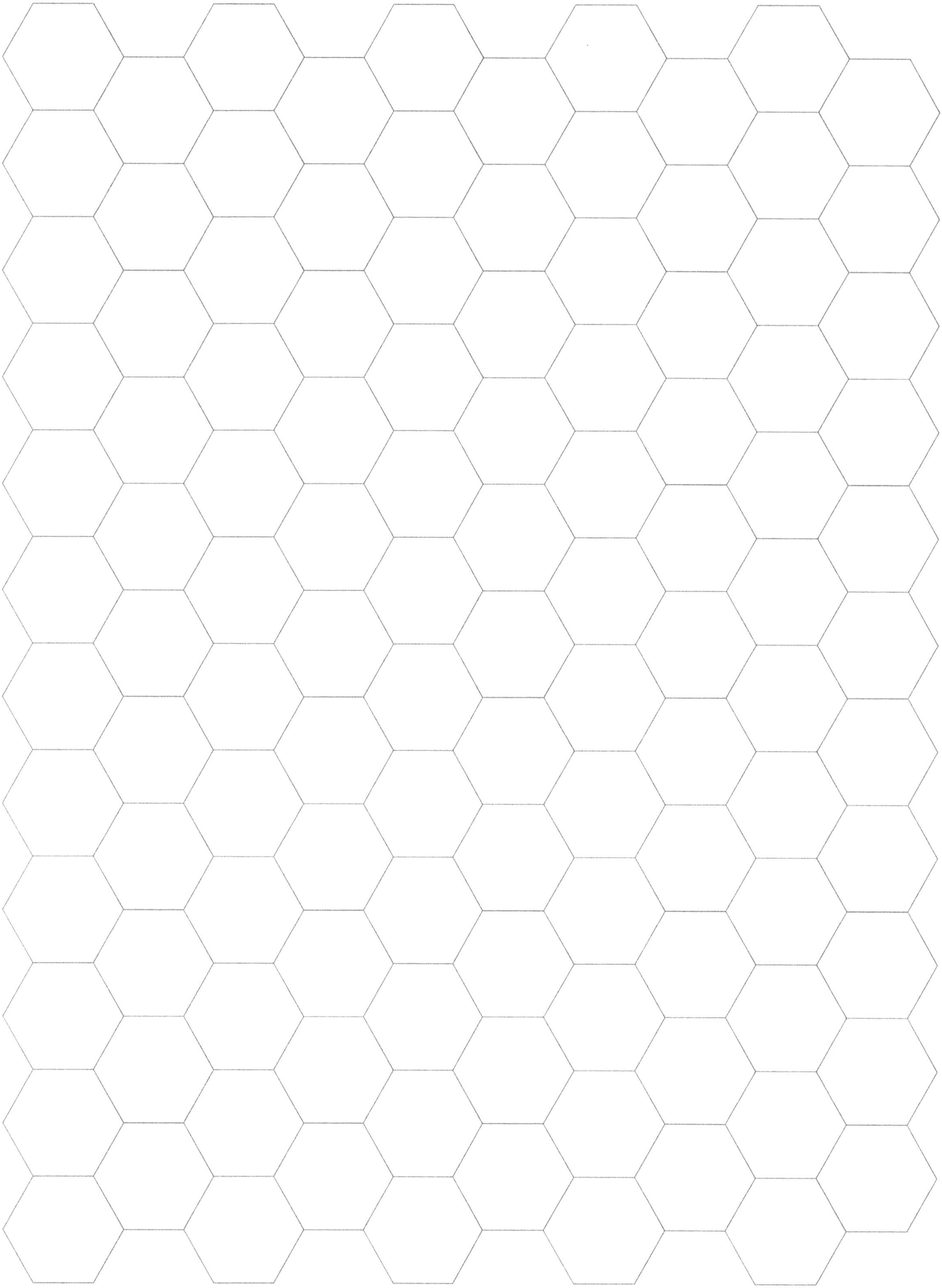

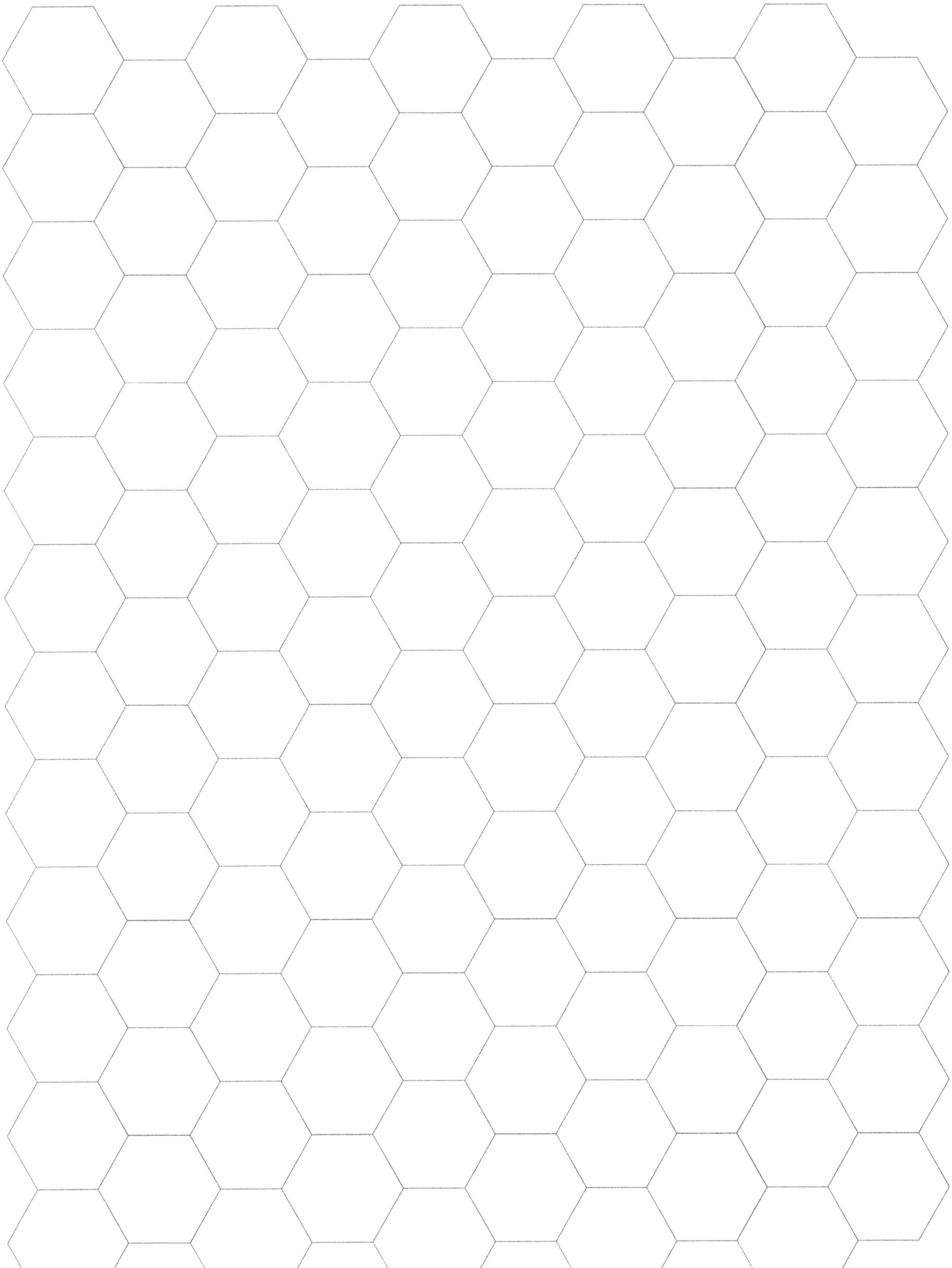

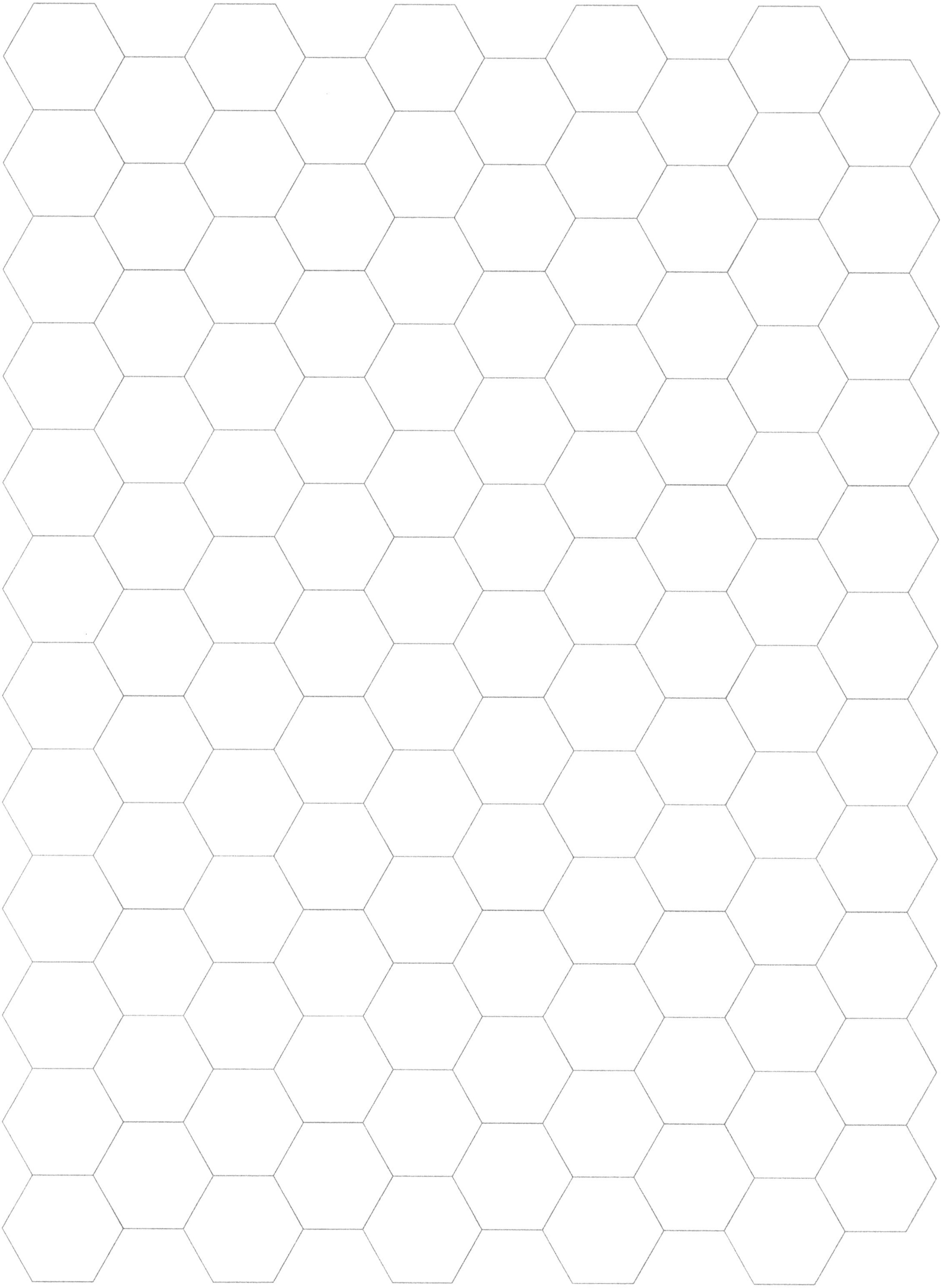

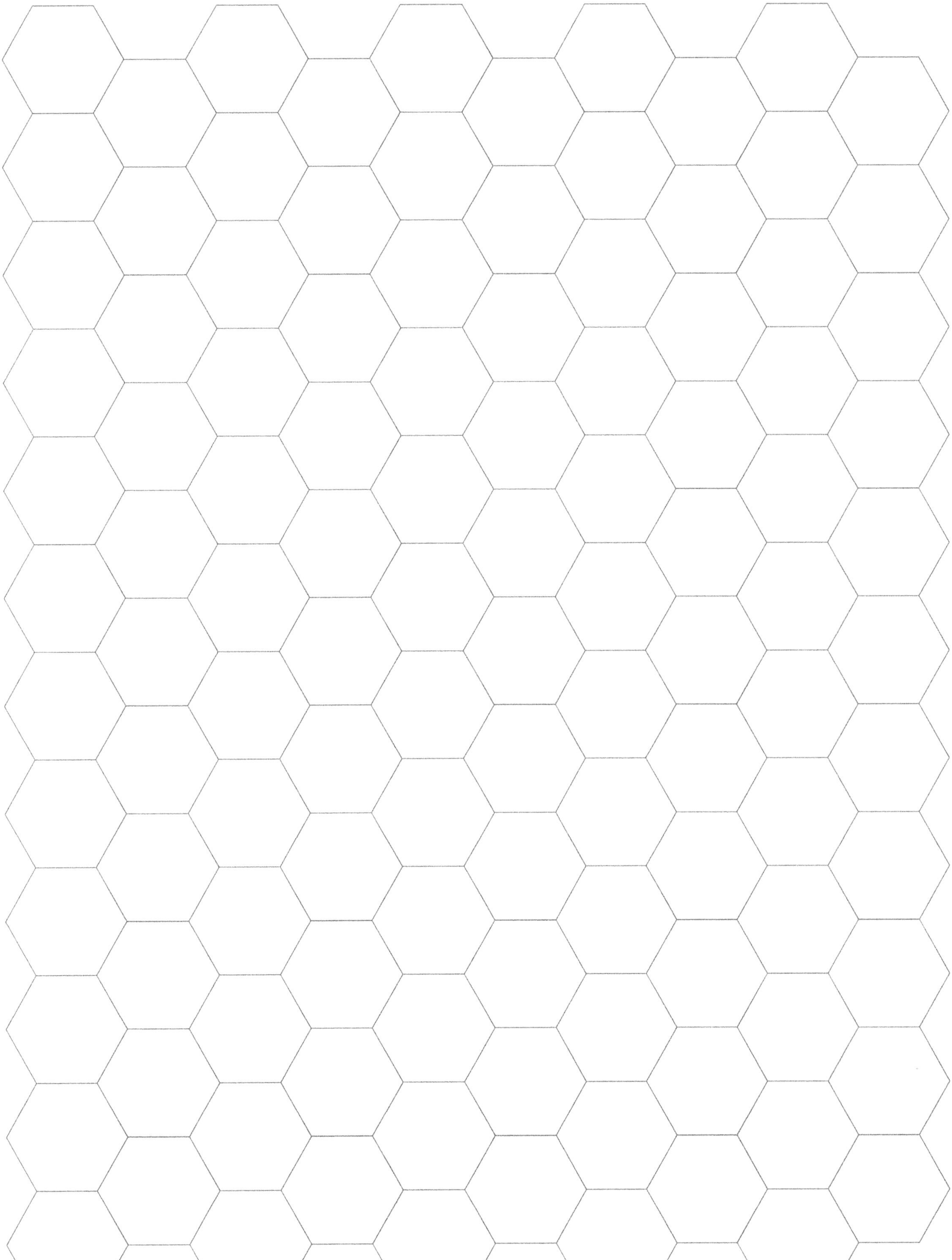

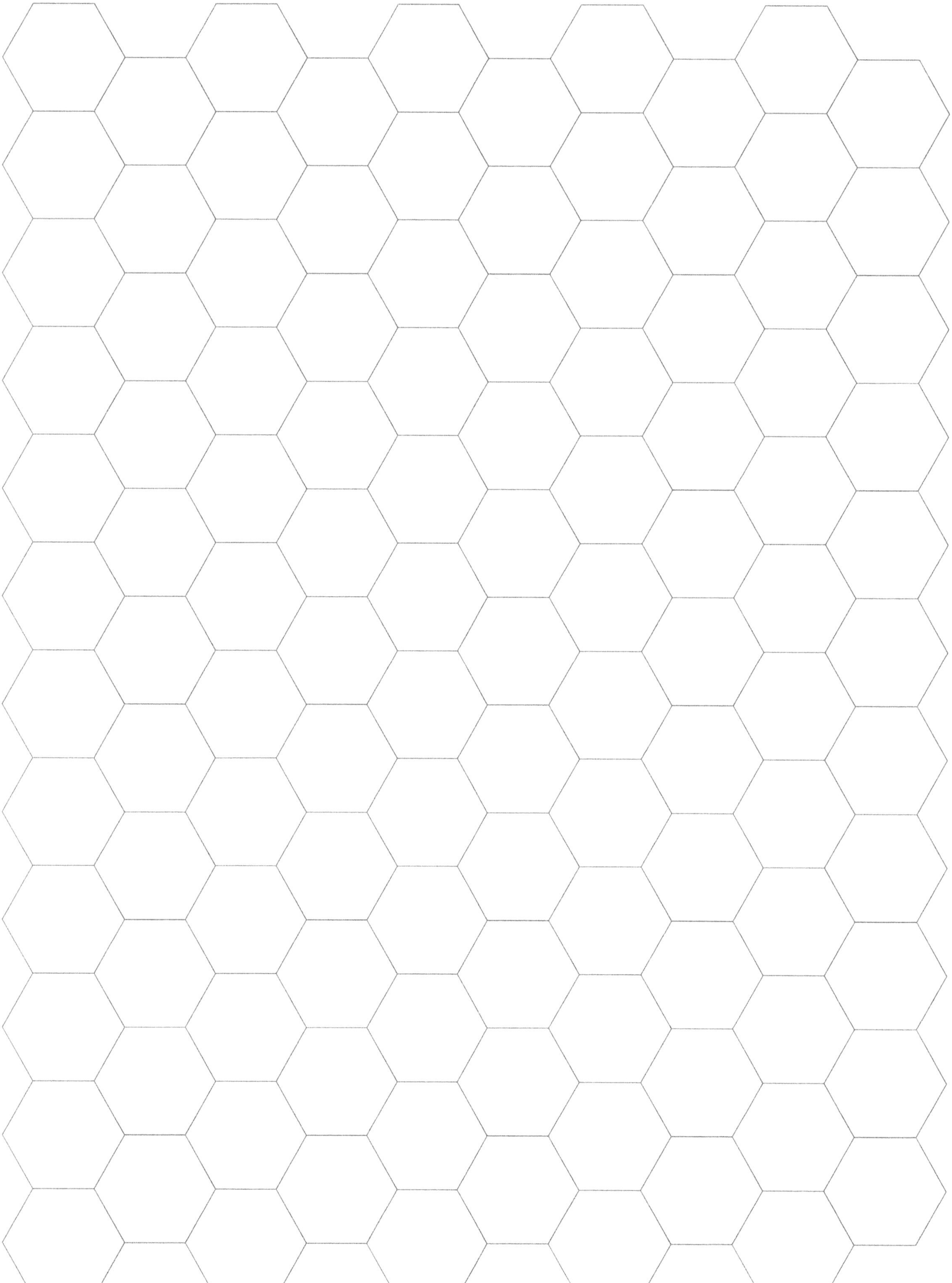

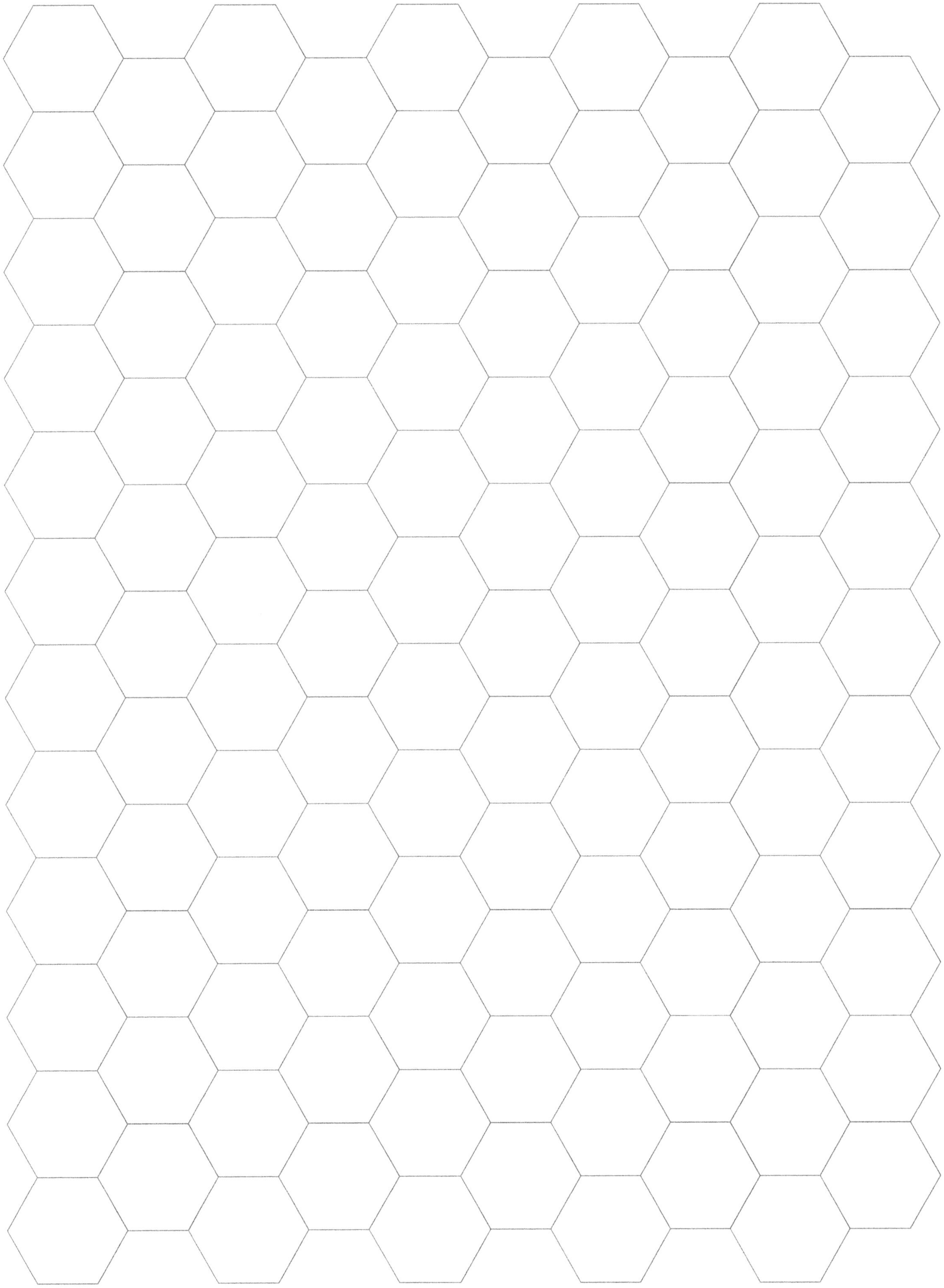

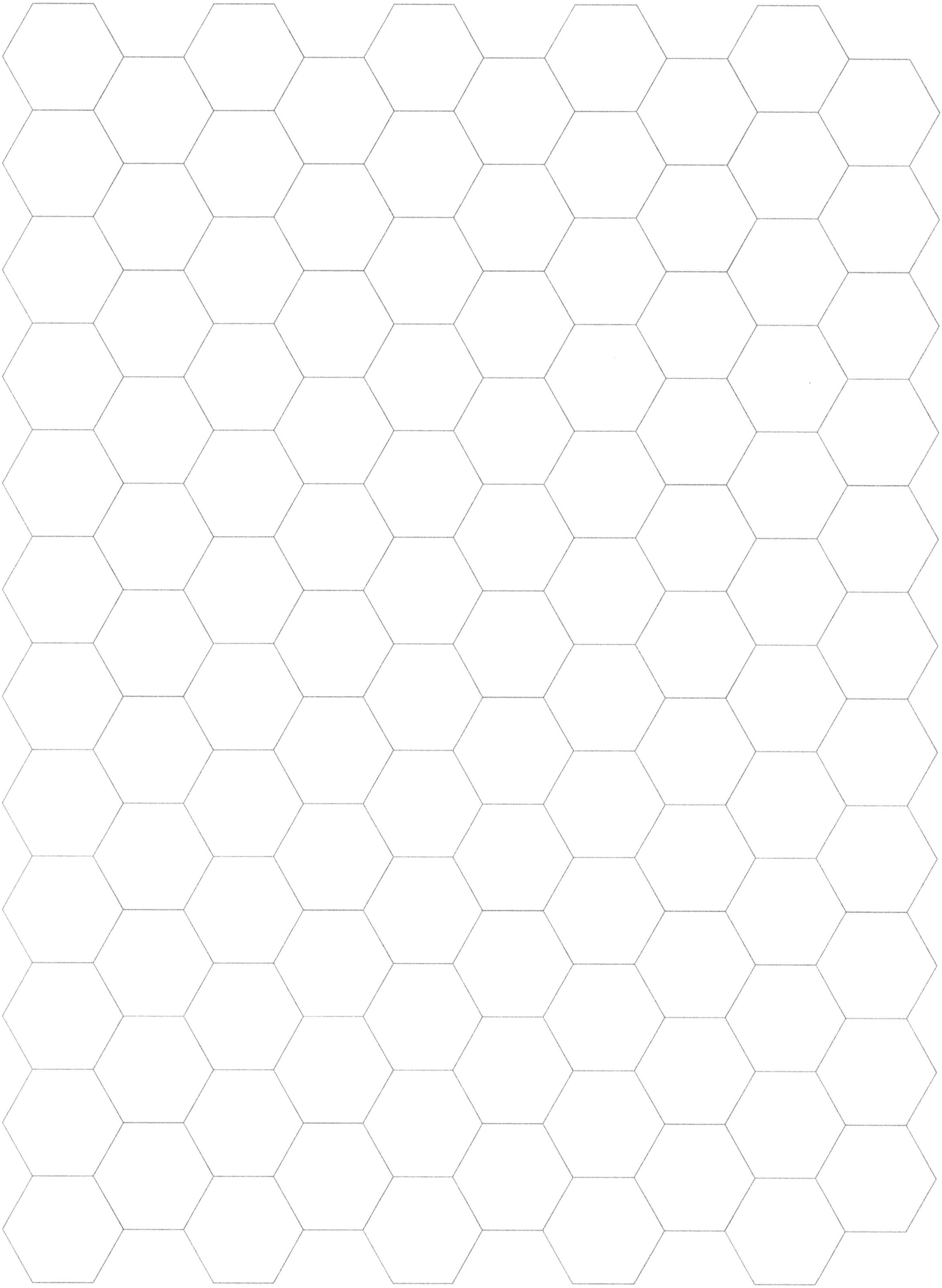

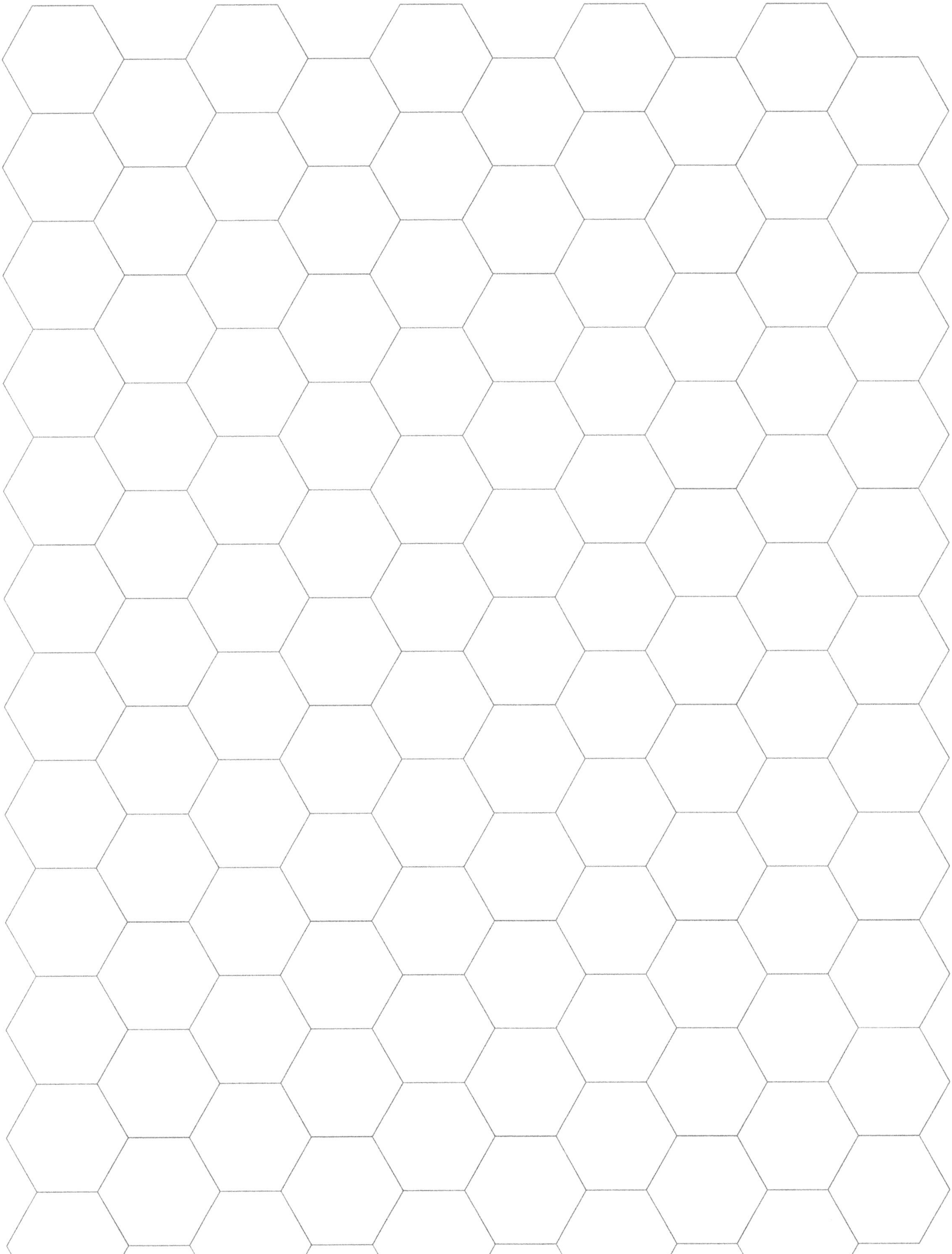

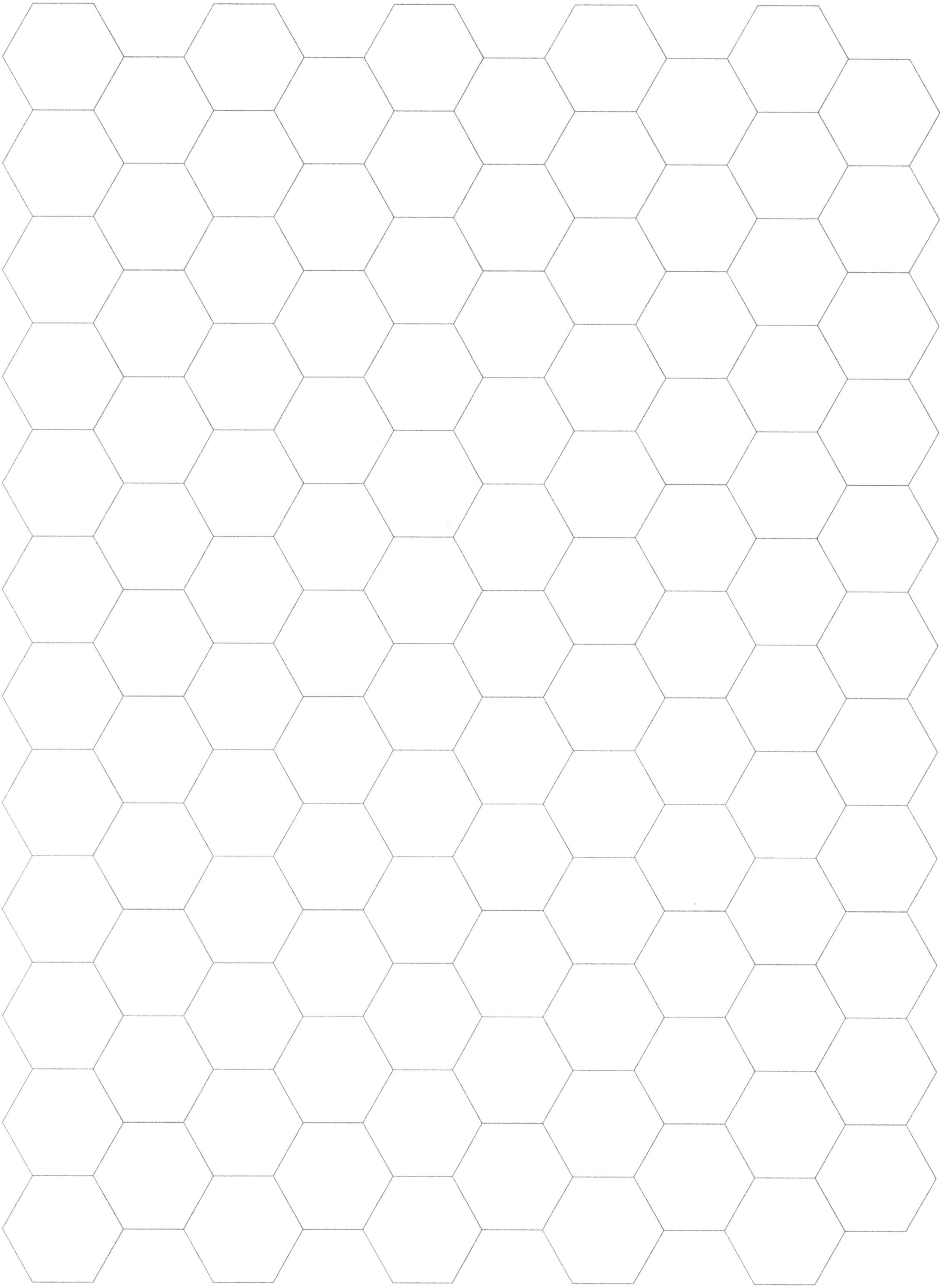

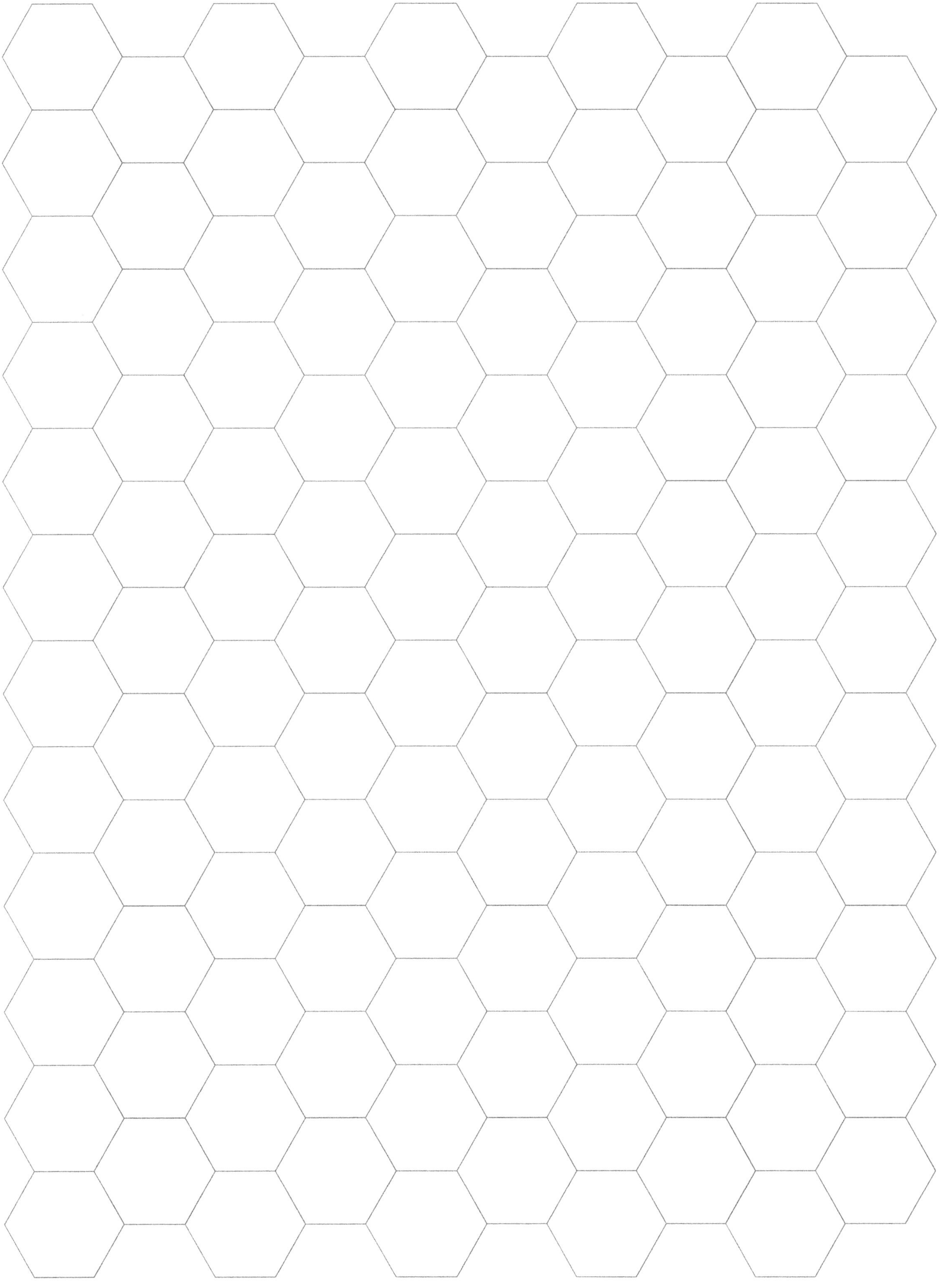

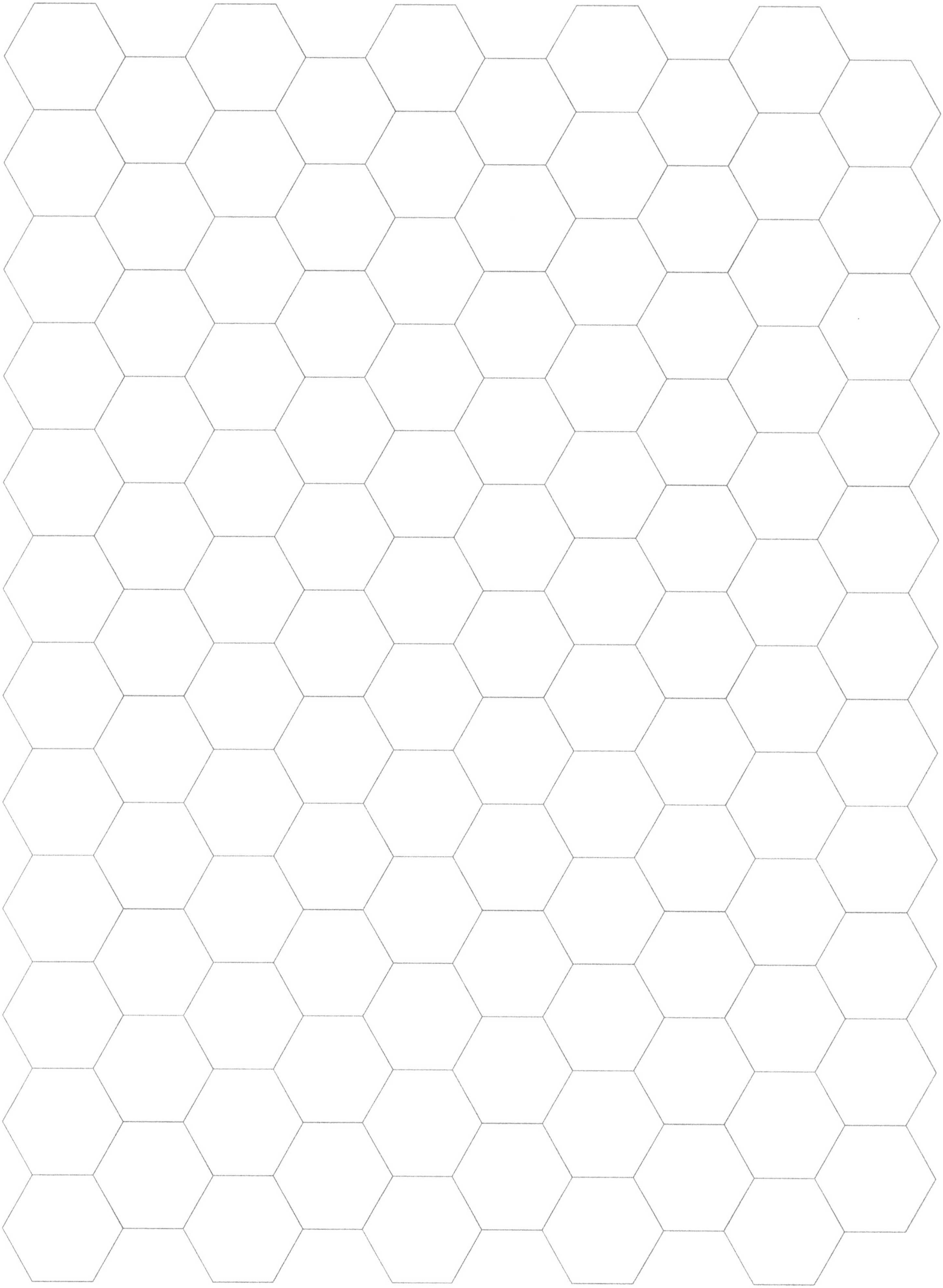

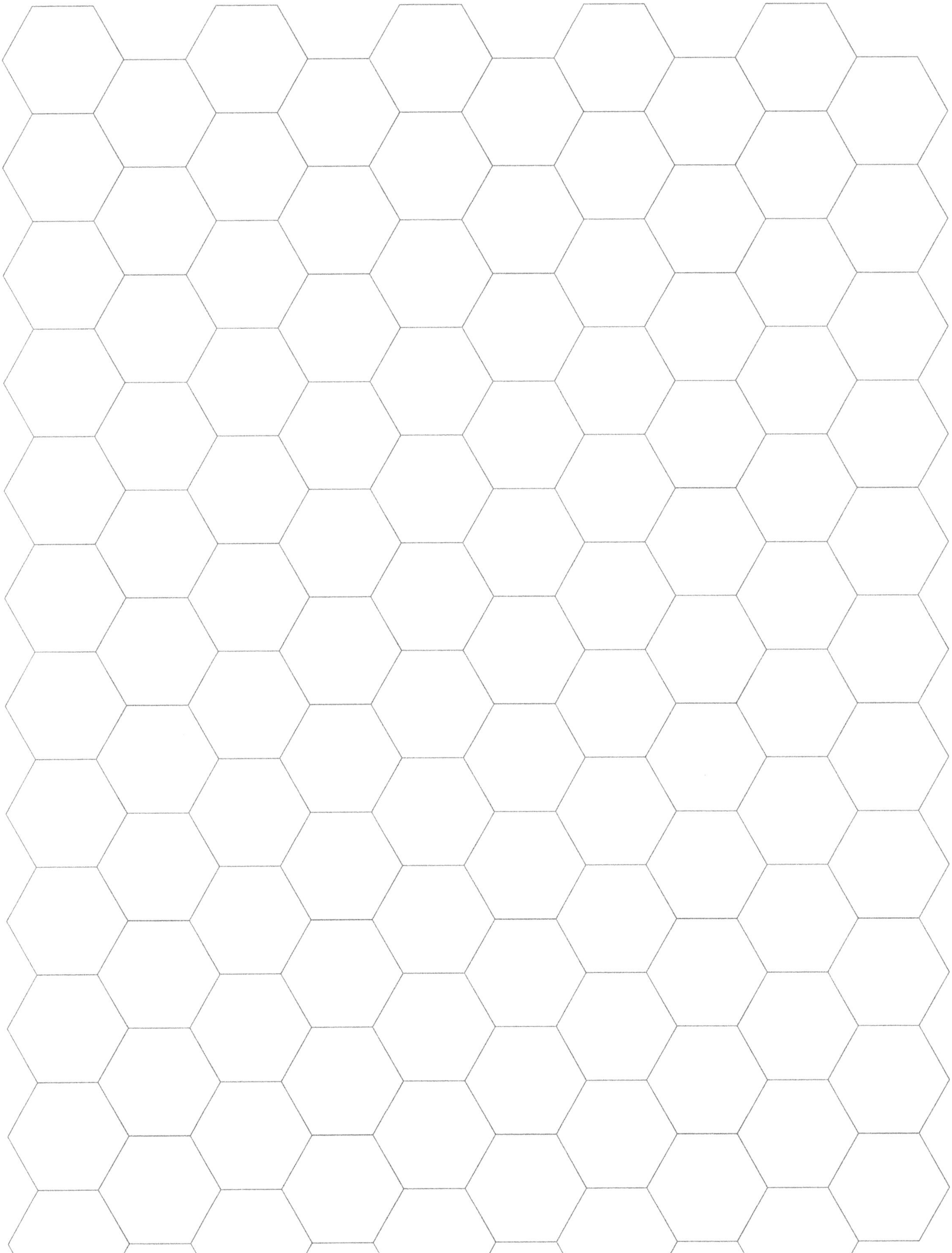

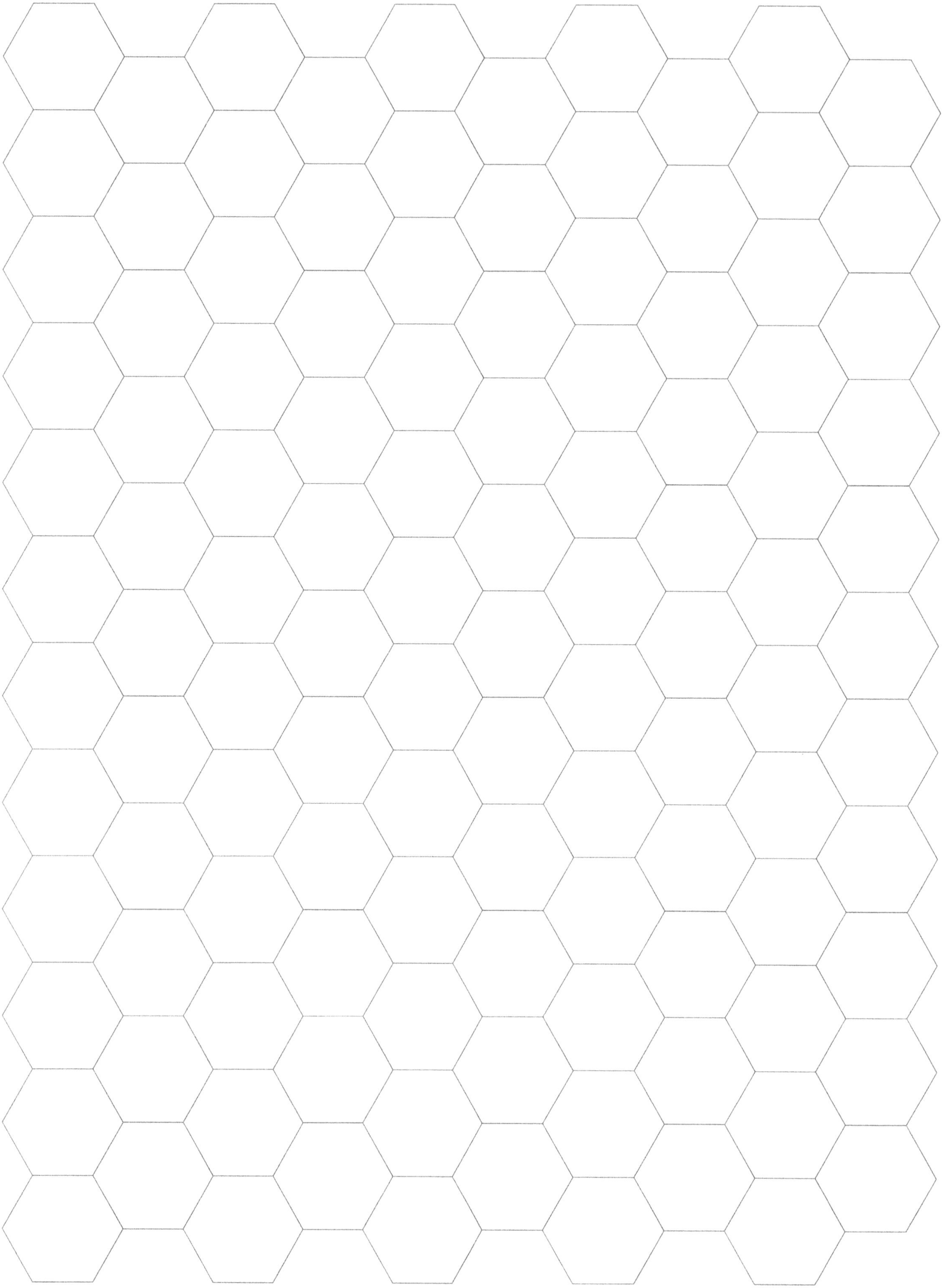

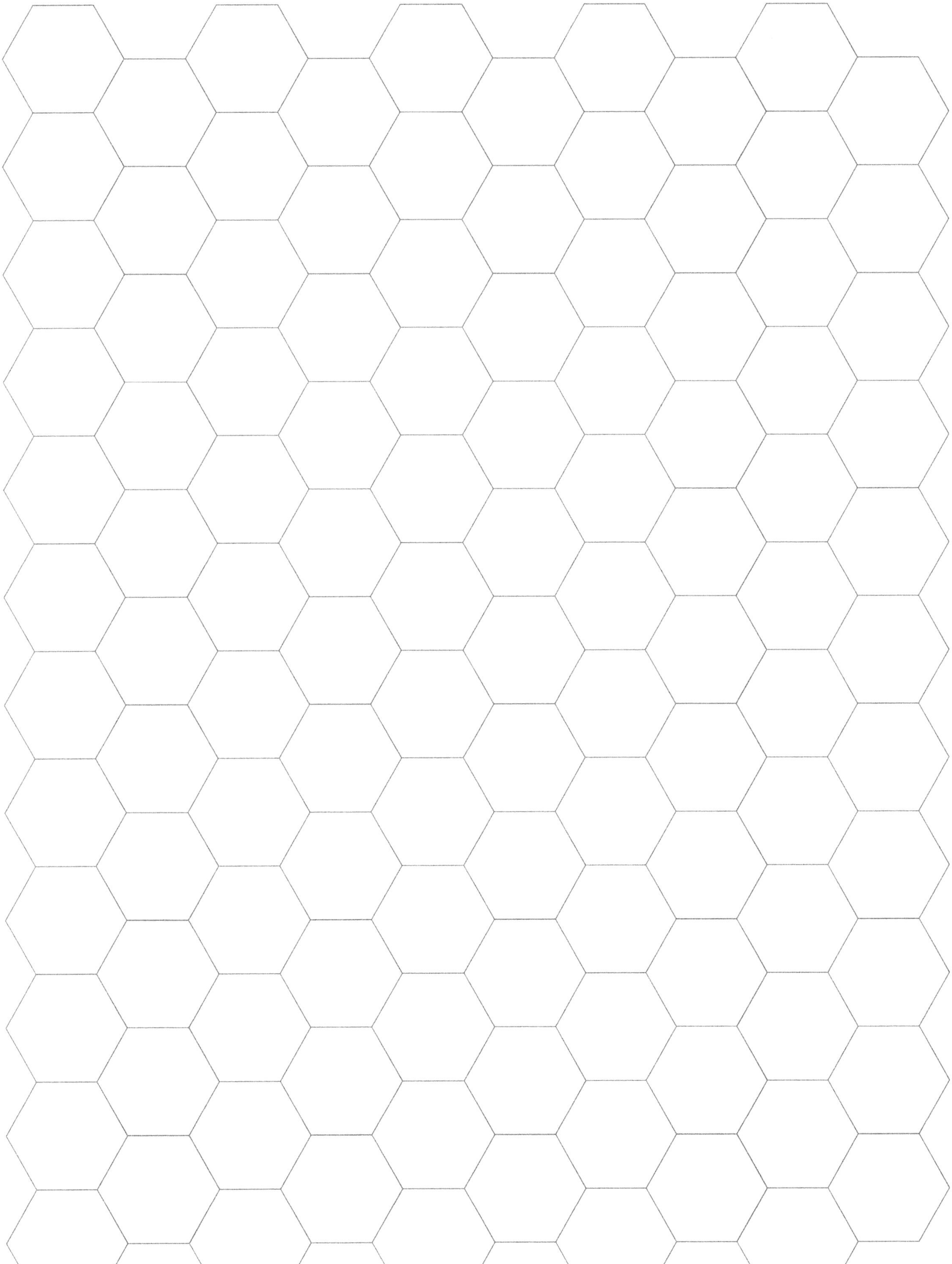

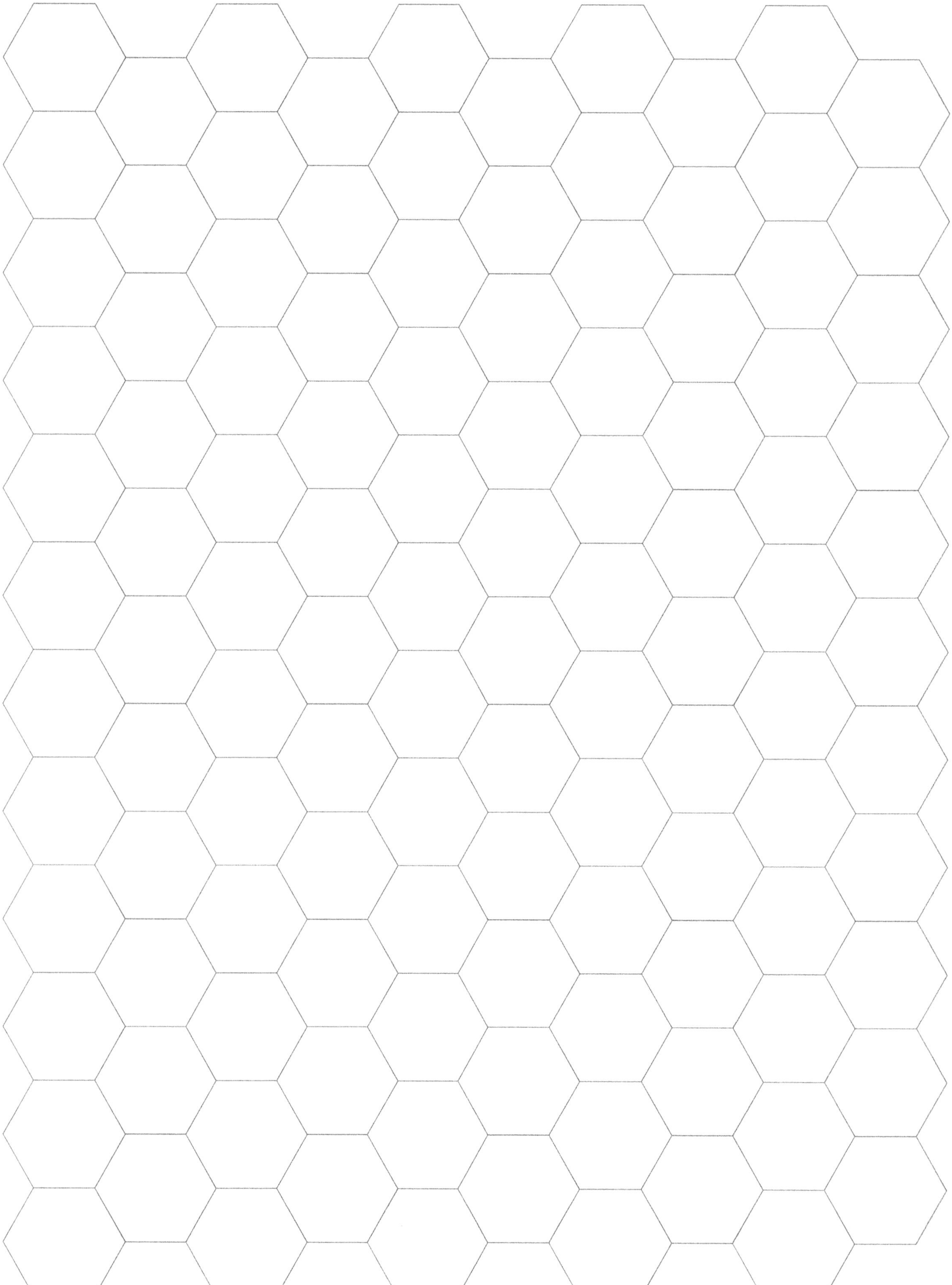

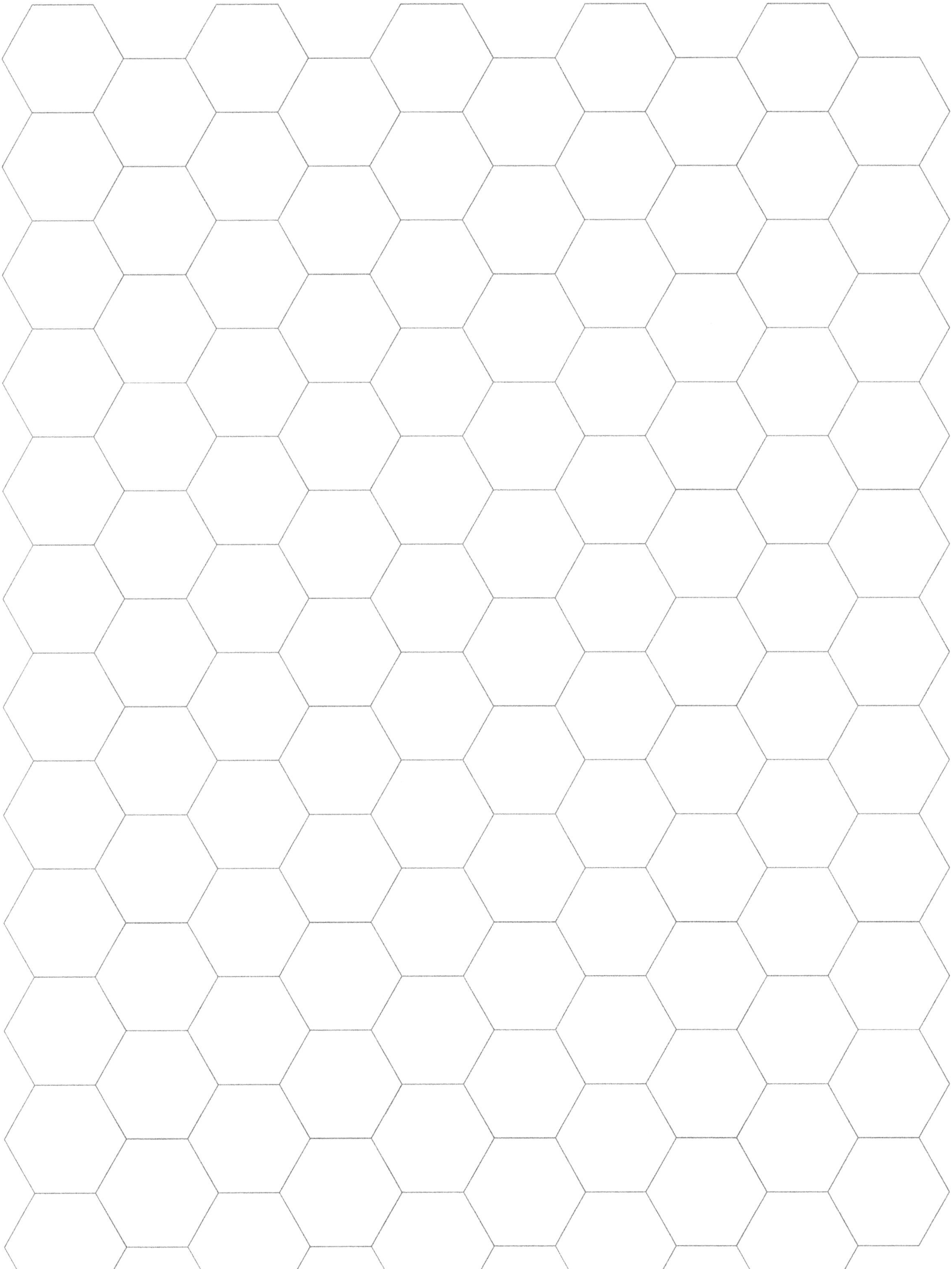

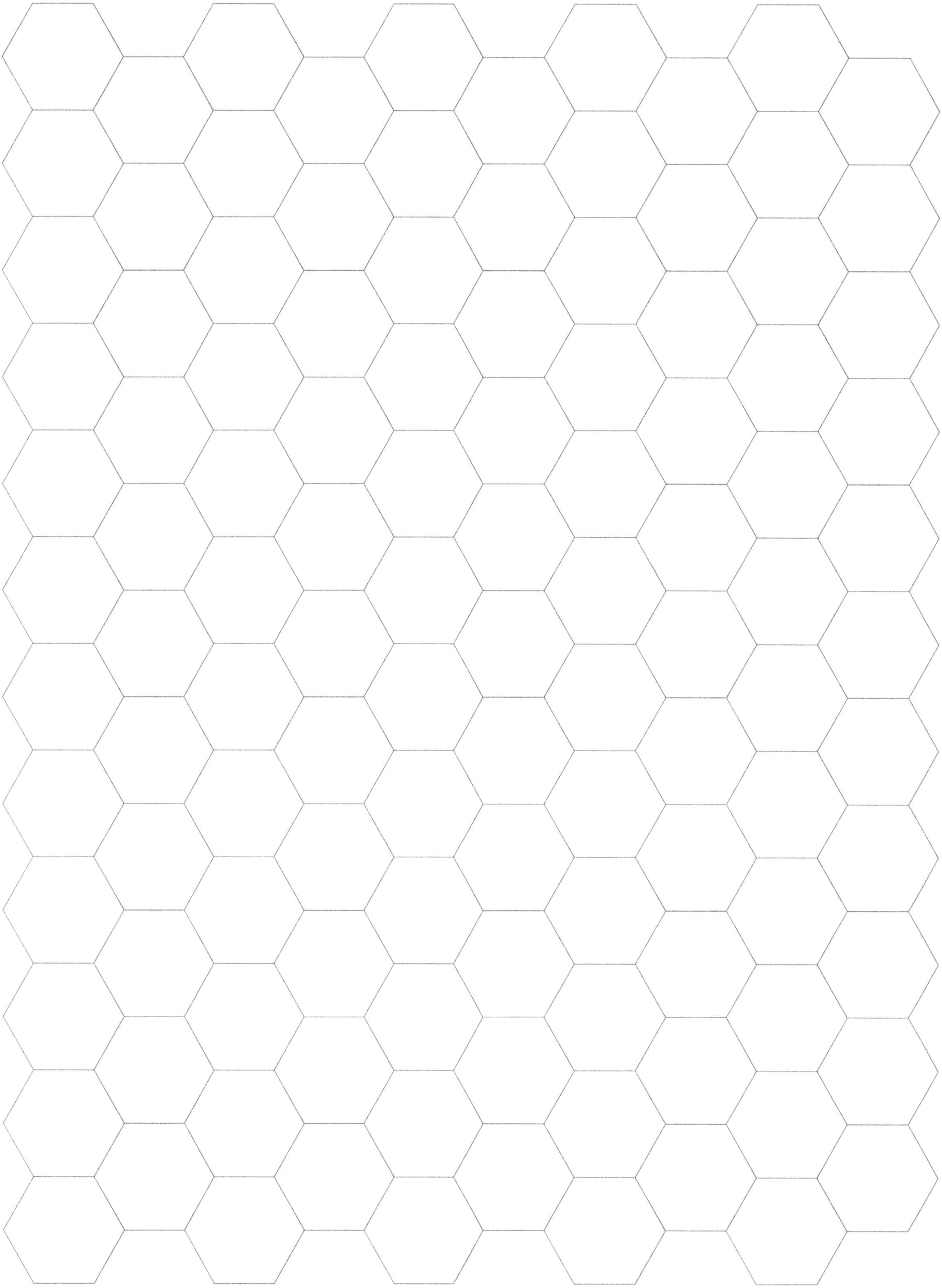

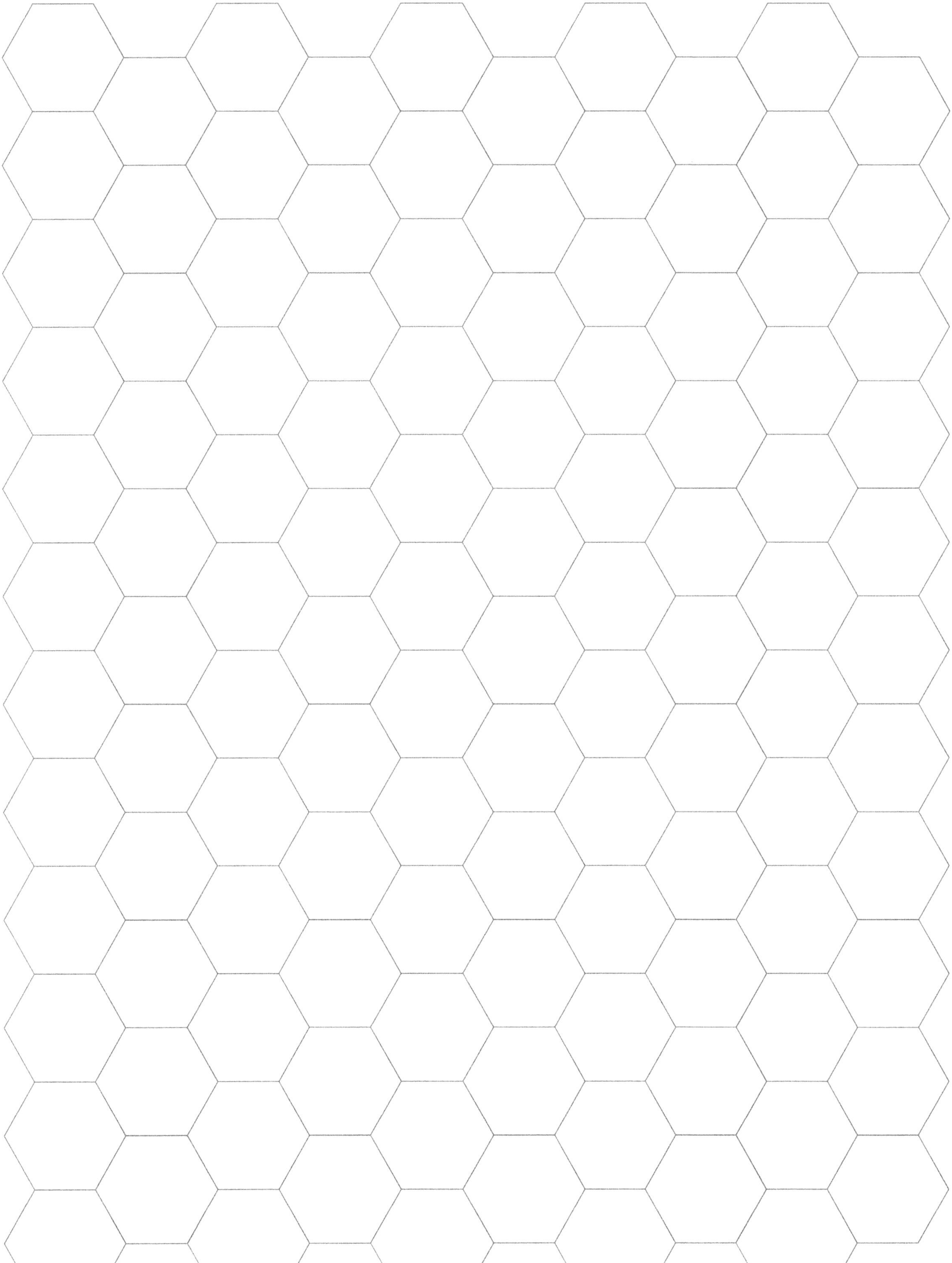

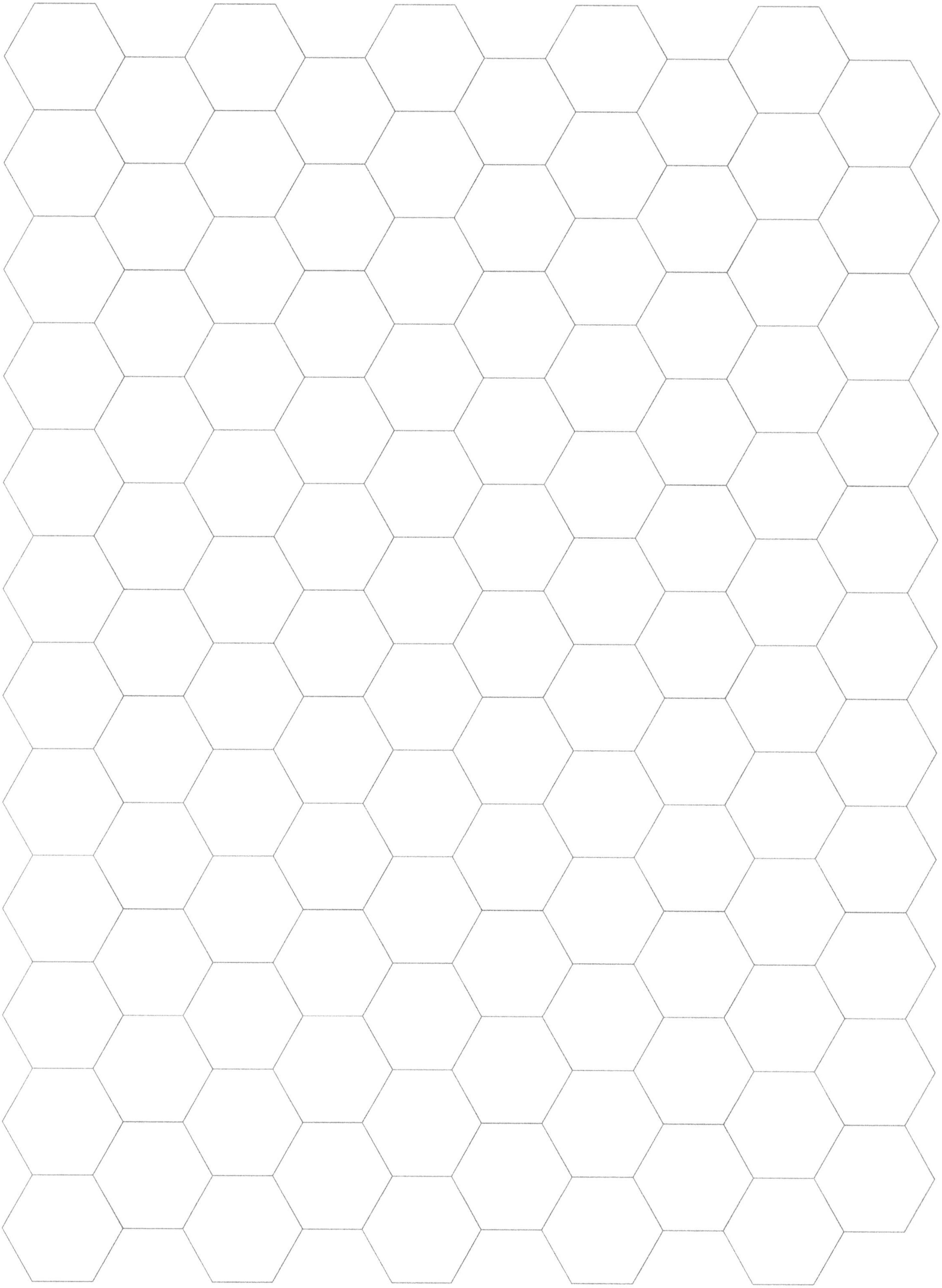

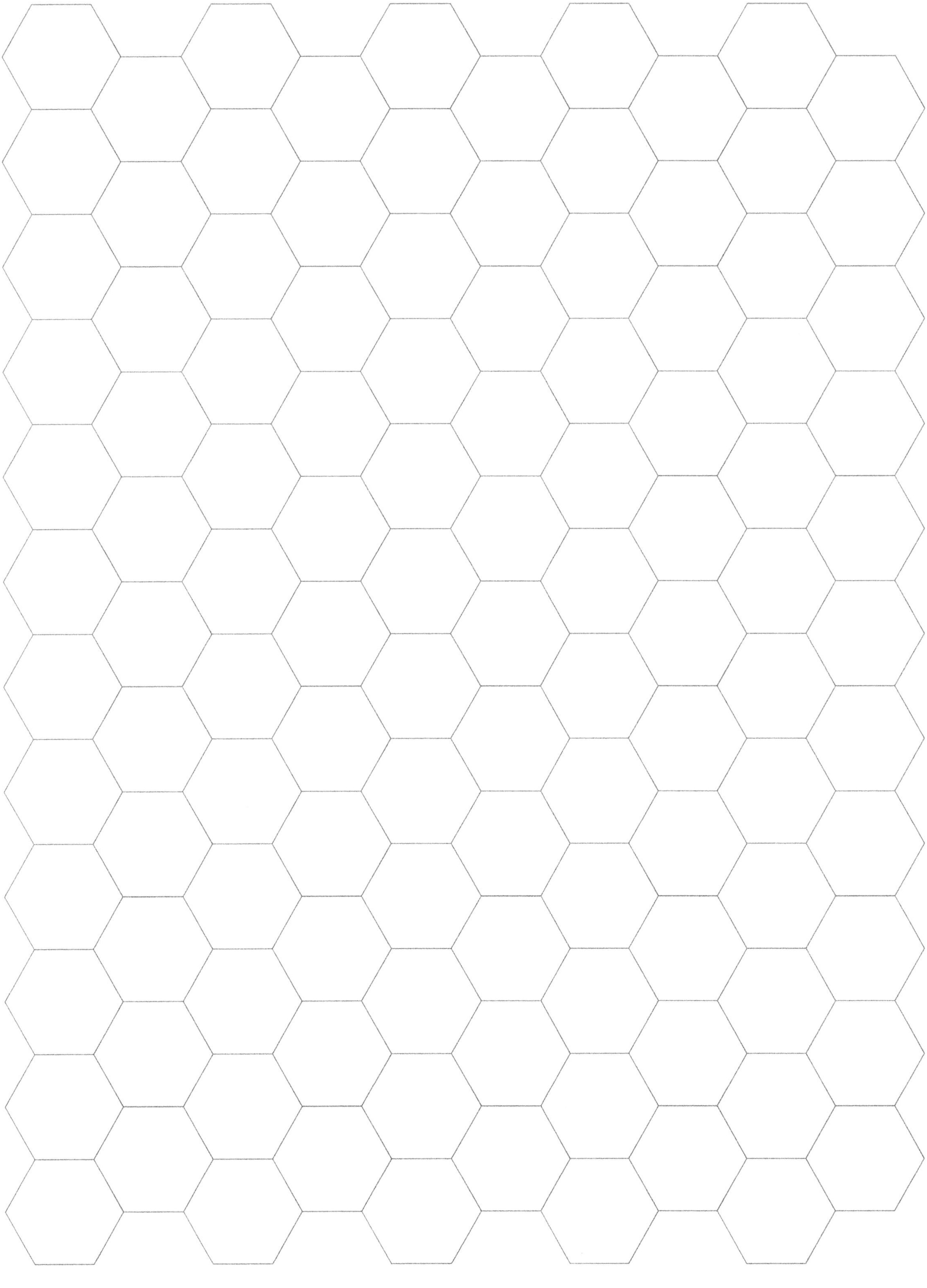

www.ingramcontent.com/pod-product-compliance
Lightning Source LLC
Chambersburg PA
CBHW082248220526
45469CB00009B/2925
* 9 7 8 1 7 2 4 9 2 8 5 9 7 *